*Georges d'Avenel*

# Le Chauffage

*Mécanismes de la Vie moderne*

 Le code de la propriété intellectuelle du 1er juillet 1992 interdit en effet expressément la photocopie à usage collectif sans autorisation des ayants droit. Or, cette pratique s'est généralisée dans les établissements d'enseignement supérieur, provoquant une baisse brutale des achats de livres et de revues, au point que la possibilité même pour les auteurs de créer des œuvres nouvelles et de les faire éditer correctement est aujourd'hui menacée. En application de la loi du 11 mars 1957, il est interdit de reproduire intégralement ou partiellement le présent ouvrage, sur quelque support que ce soit, sans autorisation de l'Éditeur ou du Centre Français d'Exploitation du Droit de Copie , 20, rue Grands Augustins, 75006 Paris.

ISBN : 978-1979677653

10 9 8 7 6 5 4 3 2 1

*Georges d'Avenel*

# Le Chauffage

*Mécanismes de la Vie moderne*

## Table de Matières

| | |
|---|---|
| **Introduction** | 6 |
| **Section I** | 6 |
| **Section II** | 10 |
| **Section III** | 16 |
| **Section IV** | 23 |
| **Section V** | 27 |

## Introduction

Si l'on pouvait avoir vingt ans pendant trois mois chaque année, puis, pendant les mois d'été, quarante ans, ensuite soixante ans à l'automne, pour revenir en hiver à l'enfance et recommencer à vieillir au printemps suivant, comme les plantes, je crois que l'existence humaine serait beaucoup plus agréable, sans être plus longue pour cela. Mais on jouit mal de la jeunesse, parce qu'on ne la sent pas assez éphémère ; et ce qui fait toute l'amertume de la soixantième année, c'est que jamais plus elle ne sera suivie de la vingtième. Dans chaque espace de douze mois, les troncs les plus rabougris et les plus secs en apparence poussent de nouveaux bourgeons : tandis que, dans chaque vie, les arbres de l'espérance, une fois dépouillés, ne refleurissent plus.

Bénissons le ciel qui nous a fait naître en un climat changeant ! Les Français sont un peuple des quatre saisons ; beaucoup d'autres peuples n'ont que deux saisons, et quelques-uns n'en ont qu'une. Que ce soit l'hiver ou l'été ou même un « printemps perpétuel, » — suivant une locution vide de sens, puisque, s'il est « perpétuel, » ce n'est plus un « printemps, » — les contrées qui ne souffrent pas des variations de température ignorent les jouissances périodiques des premiers soleils d'avril et des premiers feux d'octobre ; et, s'il est vrai que l'air ambiant a quelque influence sur le caractère, cette alternative de saisons suffisamment nuancées donne au génie français le tact, la variété et ondoyance qu'on ne retrouve pas au même degré chez d'autres nations.

## Section I

Toute sensation (excessive dépasse l'homme et lui échappe, et nous ne sentons, comme a dit Pascal, ni l'extrême chaud, ni l'extrême froid ; mais une excitation moyenne et répétée développe au contraire la faculté sensitive. Quoique nous n'ayons, ou mieux *parce que* nous n'avons guère d'étés brûlants ni d'hivers très rudes, notre épiderme, fort éveillé, s'affecte facilement des hauts et des bas du thermomètre.

Les habitants du Midi ont souvent assez froid pour en souffrir, mais pas assez pour apprendre à faire du feu : aussi grelotte-t-on en janvier dans les maisons d'Italie, de Grèce, voire dans celles de la Haute-Egypte, sous le tropique, quand le ciel se couvre ou que le vent souffle du mauvais côté. Les gens du Nord, crainte de geler dans leurs logis, ont adopté un système qui les prive de la vue du feu pour les faire mieux jouir de sa chaleur. Les Français se chauffent par les yeux autant que par la peau, par plaisir autant que par nécessité ; aussi consomment-ils beaucoup de combustible, sans exiger beaucoup de calorique.

Notre pays dépense chaque année pour son chauffage près d'un milliard de francs, en matières solides, liquides ou gazeuses. Les premières sont de beaucoup les plus importantes : 540 millions de francs pour 18 millions de tonnes de houille à 30 francs ; 360 millions de francs pour 33 millions de stères de bois à 11 francs chaque. Le surplus consiste en pétrole, en alcool et en gaz, dont Paris seul, durant le jour, brûle environ 100 millions de mètres cubes. De sorte que, le total des budgets privés s'élevant à environ 20 milliards de francs par an, suivant les calculs les plus autorisés, les citoyens de notre république se trouvent consacrer près de 5 pour 100 de leurs recettes annuelles à ce chapitre du feu qui, dans le plus grand nombre des habitations, sert à la fois aux aliments et aux hommes ; la même cheminée, le même fourneau ayant pour objet de chasser le froid et de faire la cuisine.

Double fonction si nécessaire que nos ancêtres faisaient du mot de « feu » le synonyme de ménage, de famille ; le « feu » symbolisait les groupes d'individus unis dans le parcours de la vie ; il servait à compter les êtres, — ceux qui n'avaient « ni feu ni lieu » ne comptant pas. — Et de nos jours, où les chiffres de la statistique ne s'expriment plus par « feux, » mais par « âmes, » le terme de « foyer » a conservé, dans le langage des bureaucrates comme dans celui des poètes, ce sens extensif de logis animé, d'abri durable et affectueux qu'il avait naguère.

Confessons d'ailleurs que, sous la forme métaphorique, sous cette forme où Napoléon l'employa, après son abdication, dans sa lettre fameuse au prince-régent d'Angleterre, lorsqu'il venait, disait-il, « *s'asseoir au foyer* du peuple britannique, » cette expression est menacée de disparaître avec les anciens types de cheminée et la révolution survenue dans le chauffage. On se figure mal la contenance de locataires parisiens, assis en cercle et sympathiquement pressés devant la bouche d'un calorifère.

Si le « manteau de la cheminée » ne s'était pas étriqué d'âge en âge, si l'on n'avait pas découvert des combustibles nouveaux et inventé de nouveaux appareils pour en tirer meilleur parti, le peuple ne connaîtrait plus le feu que par ouï-dire et les bourgeois continueraient, tout en brûlant beaucoup de bois, à jouir de peu de chaleur. Le temps est loin où l'on prodiguait sans souci, dans l'âtre, des amas de fagots, crépitant en longues échappées d'étoiles, où la cuisine des festins offerts au roi Philippe de Valois par le duc de Bourgogne nettoyait en huit jours 14 hectares de taillis. Seigneurs et abbayes se passaient alors une forêt les uns aux autres pour un loyer de quelques grammes d'argent et, comme l'adjudication annuelle de l' « herbage de mai » et de la « glandée » d'automne, — c'est-à-dire du droit de faire paître des bestiaux dans les bois et d'y engraisser des porcs, — était souvent le profit le plus clair du propriétaire, il recueillait avec empressement dans son domaine les verreries, poteries, hauts-fourneaux et autres industries qui se présentaient ; heureux de leur céder, pour une redevance minime, le pouvoir d'user à discrétion de ce dont lui-même ne savait que faire. Un phénomène inverse s'est passé de nos jours : bien des fours ont dû s'éteindre, parce que le coût du bois absorbait la moitié ou davantage de la valeur des produits.

C'est que les arbres et les hommes se gênent et s'excluent mutuellement ; quand les seconds pullulent, les premiers s'éclaircissent et tombent. Des générations successives de forêts ont été ainsi détruites sur notre sol : forêts saintes des druides ; forêts légendaires du roman de chevalerie, où les arbres avaient des noms propres ; futaies des barons féodaux, emblèmes de force et de durée, punies comme complices de leur maître, s'il venait à trahir son suzerain : — pendant que sous la hache tombait la tête du gentilhomme félon, les troncs altiers, compagnons de sa race, étaient rasés, « dégradés, » disait la procédure, par la cognée du bourreau ; — forêts royales enfin, dont les sujets hiérarchisés, étiquetés par Colbert, poussaient en lignes et se couvraient de feuillages symétriques comme des perruques à la Louis XIV. Tout cela dépecé, mis à feu, asservi à nos divers caprices.

De nos jours où les chênes, avant d'arriver à maturité, ont le temps de voir le monde changer dix fois de maître et de plan, ce qu'il reste de futaies séculaires ne survit que grâce à la tutelle administrative et comme un vestige artificiellement maintenu du passé. En pays démocratique, les chênes de l'État ont seuls, ou presque seuls, le privilège de vieillir.

Le sol forestier de la France, — neuf millions d'hectares, plus du sixième de notre territoire national, — fournit annuellement 25 millions de mètres cubes de produits ligneux, dont 5 millions seulement de bois de charpente et de menuiserie et 20 millions de bois de chauffage. Ce dernier chiffre est simplement théorique. Le « bois de feu, » comprenant les taillis, les troncs malsains et le branchage, — le houppier — des arbres « de service, » est ramené ici à un cube *plein* et *sans interstice* de 20 millions de mètres ; pratiquement, en tenant compte des résultats donnés à l'empilage par les diverses essences, l'administration estime à 33 millions de stères la capacité effective.

Sur ce chapitre du bois de chauffage, la production et la consommation intérieure se balancent. Nous n'en achetons et n'en vendons au dehors que des quantités insignifiantes. En fait de charpente, nous sommes loin de nous suffire : frises d'Odessa, frênes du Caucase, chênes d'Autriche ou d'Amérique, sapins de Suède et Norvège, la sylviculture exotique introduit chaque année 3 à 4 millions de mètres cubes. L'importation continuera, quelque élevés que soient les droits dédouane ; nous sommes forcément tributaires de l'étranger pour les bois de grande largeur. Si nous avons assez de poutres, solives et autres pièces maintenant remplacées par le fer, nous manquons de celles qui ne redoutent pas la concurrence métallurgique : des bois de meubles et de tonneaux.

Nous possédons beaucoup de petits chênes, de *modernes* ; mais les gros, les beaux *anciens* font défaut dans une proportion énorme. Les particuliers, à qui appartiennent les deux tiers de la surface forestière, réalisent leurs chênes de bonne heure ; dans le troisième tiers, l'Etat et les communes, malgré des « révolutions » de cent quatre-vingts ans, n'arrivent pas à fournir 200 000 mètres cubes de bois d'une largeur de 50 centimètres, leurs biens étant pour la plupart situés en des régions montagneuses, où les peuplements ne renferment que des hêtres et des résineux.

Section I

La même pénurie existe un peu partout ; dans le monde entier, les futaies s'en vont. Trois pays seulement en Europe ont suffisamment de « bois d'œuvre » : Autriche, Russie, Suède-Norvège. Cette dernière commence à s'épuiser, elle entre dans la voie des petites fabrications. L'Autriche, la Bosnie, la Croatie expédient, par Fiume, Trieste et le bas Danube, des arbres de deux cent cinquante ans que l'absence de moyens de transport avait jusqu'ici maintenus sur pied ; mais, elles aussi, abattent beaucoup plus que leur production annuelle. L'Australie, qui nous envoyait naguère de magnifiques billes d'eucalyptus, et avait un cinquième de son territoire en forêts, les a aujourd'hui totalement détruites. Elle achète ses bois dans la Baltique ou le golfe de Bothnie, par l'intermédiaire des courtiers de Londres. Le Transvaal, le Cap et Natal, tous déboisés, sont aussi des clients de la Suède.

Et l'on se demande pourquoi il part de Bordeaux des pavés de bois pour la République Argentine, des traverses de chemins de fer pour le Brésil et le Congo, lorsque, à proximité de ces diverses contrées, s'étalent des espaces infinis où croissent, depuis le commencement du monde, des « fûts » inviolés. C'est que la forêt vierge des zones tropicales est une illusion ; au dire des gens du métier, il serait presque inexploitable, cet emmêlement d'humbles plantes et d'arbres géants, étages les uns au-dessus des autres, et mêlant sur le sol humide la pluie de leurs fleurs. Le type idéal, c'est la coupe triste et glacée de Russie ou de Canada, transportée sur la neige dure jusqu'à une rivière qui, au dégel, charrie le bois gratis. Mais, dans les bassins de l'Amazone et de l'Afrique centrale, on fera chèrement à travers le marécage une route qui, trois mois plus tard, grâce à la végétation invraisemblable de ces climats, sera couverte d'arbustes de plusieurs mètres d'élévation.

## Section II

La végétation, au contraire, est très lente dans les régions forestières qui approvisionnent présentement le monde : il faut de 150 à 200 ans pour obtenir, sur le sol Scandinave, des pins de 19 mètres de haut et de 1m, 50 de circonférence, qui arrivent aux mêmes dimensions dans les Landes en *quatre fois moins de temps*.

La production est donc seulement le quart de la nôtre, à superficie égale, dans ces pays du Nord dont les réserves anciennes ne dureront pas toujours ; de sorte que les esprits inquiets pourraient appliquer à la totalité du globe ce mot d'un de nos hommes d'Etat du XVIIe siècle, disant que « la France périrait faute de bois ! »

Une revue américaine affirme que, depuis 1850, la consommation du bois, dans le monde entier, a augmenté de moitié. Si des concurrences nouvelles lui sont faites, — par la houille dans les cheminées, dans les planchers ou les navires par le fer, — il est aujourd'hui affecté à des usages inconnus il y a un demi-siècle. Le télégraphe lui demande ses poteaux et les chemins de fer leurs traverses, dont nos réseaux français absorbent quatre millions par an ; les rues des grandes villes lui empruntent de plus en plus leur pavé. Les premières expériences en ce genre, faites à Londres il y a trente ans, avaient donné de piètres résultats, grâce aux fondements défectueux, à l'emploi d'essences non appropriées et aux mauvaises dimensions des blocs, qui se déplaçaient, s'usaient irrégulièrement et coûtaient fort cher à entretenir. Pendant des années, le succès se fit attendre, jusqu'à ce qu'on eût adopté le système actuel, consistant à faire reposer les pavés sur une couche de 15 centimètres de béton. Maintenant la fabrication de ces matériaux est devenue toute une industrie, employant un outillage considérable ; une seule maison débite de 20 à 30 millions de blocs par an. Il est singulier que la durée de ce pavage, en bois créosotés ou non, — les deux systèmes ont leurs partisans, — soit d'autant plus longue que la voie est plus fréquentée, le passage des voitures empêchant la pourriture de prendre naissance. Un autre avatar du bois est le papier, dont j'ai parlé dans une étude précédente. Plus de quinze cent mille tonnes de bois sont manufacturées annuellement : un sapin de belle venue, âgé de 40 ans, représente un mètre cube à l'état brut ; mais, ébranché, écorcé, etc., il ne fournit pas plus de 150 kilos de pâte propre à la papeterie. Si bien qu'un journal à grand tirage absorbe, à lui seul, une centaine d'arbres par numéro, — on peut calculer que *le Petit Journal* en dévore 170. — Les forêts de l'Europe seront-elles ainsi peu à peu fauchées et imprimées à fond ? Le bocage deviendra-t-il sans aucun mystère, et les rossignols de muraille demeureront-ils le dernier vestige de leur poétique espèce ?

Le charbon de terre est lui-même, indirectement, un grand

consommateur de ce bois qu'il semble remplacer. La perche de mine, employée à l'étayage des galeries, est un débouché fructueux pour les propriétaires de taillis. Il en résulte une évolution dans la sylviculture, où l'on s'applique à faire des coupes moins fréquentes, afin d'obtenir des tiges, des « brins, » plus longs et plus forts.

Il faut en moyenne, par tonne de houille extraite, un 20$^e$ de stère en bois de perche ; ce qui, pour les seules mines françaises, correspond à environ 1 200 000 stères. Les houillères anglaises en consomment proportionnellement beaucoup moins ; mais, comme leur production est presque huit fois plus forte que la nôtre, le boisage nécessaire à ces myriades de corridors souterrains oblige nos voisins à faire venir du continent un stock énorme, et qui augmente sans cesse. En 1870, nous vendions à la Grande-Bretagne pour 800 000 francs par an de perches de houille ; ce seul article dépasse aujourd'hui 10 millions. Il est du reste curieux d'observer que l'Angleterre, ce pays du fer et de la houille, est *le plus grand acheteur de bois* du monde entier ; ses importations s'élèvent, pour ce chapitre, à 422 millions de francs et prennent des formes très variées, témoin les moitiés de porcs expédiés, de Belgique à Londres, dans des cercueils dont la capitale du Royaume-Uni se sert pour enterrer ses pauvres.

Des compagnies en quête de progrès, celle de Maries par exemple dans le Pas-de-Calais, ont, depuis quelques années, tenté de substituer le fer au bois pour le soutènement des galeries et des « tailles ; » procédé plus économique, dit-on, car ces états en fer, enlevés au fur et à mesure du remblayage, peuvent resservir plus loin, tandis que les perches de bois sont abandonnées. Mais les mouvements de l'industrie sont si brusques à notre époque, il apparaît si souvent des besoins nouveaux, que les détenteurs du sol forestier n'ont pas trop à s'inquiéter du parti qu'ils en pourront tirer dans l'avenir.

Ce qui les chagrine, ceux d'âge mûr du moins, aux heures mélancoliques où les revenus du temps passé leur remontent à la mémoire, c'est que le prix des bois a depuis vingt ans, malgré le développement de la consommation, baissé de 25 à 35 pour 100, suivant qu'ils sont destinés au chauffage ou à la menuiserie. Phénomène au demeurant très explicable : motivé, pour les uns, par l'abondance de la houille, pour les autres par la révolution des moyens de transport.

Il a toujours existé aux siècles anciens une grande disproportion de valeur entre les bûches, prises au lieu de naissance, et les mêmes bûches prêtes à flamber, livrées aux citoyens des villes : aux XIVe et XVe siècles, lorsque les mille kilos de bois à brûler se vendaient en moyenne 5 francs à Paris, on les payait tantôt 2 fr. 50 à Rouen ou 1 fr. 50 à Dijon, tantôt 95 centimes à Moulins et 45 centimes à Perpignan ; différences qui tenaient sans doute au degré de façonnage. Suivant que les arbres étaient encore debout ou déjà mis en corde, le prix grossissait, comme aujourd'hui, à chaque étape qui séparait la cognée du bûcheron des landiers du bourgeois.

Aux temps modernes, les cours demeurèrent très variables d'un point à un autre du territoire : en Limousin ou en Bourgogne, en Basse-Normandie ou en Auvergne, selon qu'il s'agit de châtaignier, de chêne ou même de noyer, il existait sous Louis XIV des combustibles de 1 à 2 francs les *mille kilos* ; tandis qu'à Paris, les chiffres oscillaient de 24 francs, pour le meilleur « bois de moule, » jusqu'à 15 francs pour le bois flotté le plus commun. Sans ce dernier, la population grandissante de la capitale eût souffert d'une vraie disette ; aussi le flottage et les trains de bois, inaugurés au XVIe siècle (1565), et regardés alors comme une découverte « capable de faire beaucoup valoir les héritages plantés en futaie, » furent-ils l'objet de toute la sollicitude des pouvoirs publics. Les ordonnances, pour rendre l'exploitation plus aisée, permirent aux marchands de faire passer leurs charrettes, jusqu'aux cours d'eau navigables, même à travers les terres nobles. Ces négociants furent également investis du droit de faire flotter leurs bûches sur les rivières et étangs privés, voire sur les fossés des châteaux, les seigneurs étant tenus de donner libre accès dans leurs parcs.

« Visage de bois flotté » était au XVIIe siècle une sorte d'injure, un terme de mépris, adressé à qui possédait une figure rude, noire ou couperosée. Le bois flotté avait en effet mauvaise mine et jouissait de peu d'estime au regard des bûches venues par voie de terre. Il manquait « de nerf, » par suite d'une fermentation intérieure qui tendait à le dissoudre, à moins d'avoir été écorcé avant le flottage comme le « pelard des chantiers. » Puis, le « train » restant longtemps en route, les harts de bois qui liaient les bûches se relâchaient, se brisaient au moindre choc, et beaucoup de marchandise se perdait ainsi.

Le commerce a renoncé, depuis une vingtaine d'années, à ce genre de locomotion, réservé uniquement à la charpente. La « communauté » des bois à œuvrer, qui, sauf une réforme légère sous la Restauration, subsiste à Paris depuis 1498, continue à faire flotter ses « parts » de plancher, ses « coupons » de chênes équarris, ou ses « éclusées » de sapin, longues de 37 mètres, suivant la vieille méthode. Le bois destiné aux foyers parisiens arrive dans des bateaux, dont la plupart s'en retournent à vide, à moins qu'ils ne trouvent à emporter de la mitraille de fer, ou de la houille pour les forges du Nivernais.

C'est en effet de la Nièvre et de l'Yonne que viennent plus de moitié des bûches réduites en cendres dans la capitale ; 20 pour 100 sont fournis par l'Oise et l'Aisne, un dixième par Seine-et-Marne et le Loiret. Les arbres ont été abattus et débités en hiver, sous la surveillance de l'acheteur, qui doit exploiter lui-même afin de ne rien perdre des sous-produits. Amenés au ruisseau le plus proche, ils demeurent un an à sécher sur ses bords ; car le bois vert, au lieu de flotter, irait au fond. Au printemps suivant, on procède à la marque de chaque bûche avant de la jeter au fil de l'eau. La famille Lebaudy, à qui appartient le tiers des bois flottables de la Nièvre, a pour signe distinctif un sabot ; d'autres ont une cruche, un cœur, une ancre ou de simples initiales. Tous ces morceaux s'en vont ainsi pêle-mêle jusqu'à la rivière ; surveillés, non par crainte des vols presque nuls, mais afin de prévenir les encombrements parmi les méandres de leur pérégrination. Arrivés au barrage de Clamecy, ils sont happés par des « pêcheurs, » dans l'eau jusqu'à la ceinture, qui les trient suivant leurs marques et les entassent. C'est là que les marchands de la capitale vont faire leurs achats. Le *stère*, vendu 5 à 6 francs par le maître de la forêt, suivant les facilités de « vidange » de la coupe, monte déjà à 9 francs, soit 20 francs *les mille kilos*. Le sciage « à deux traits, » effectué en province à raison du bon marché de la main-d'œuvre, est payé 1 fr. 60 ; le transport par bateau jusqu'à Paris, 4 à 5 francs ; enfin les 6 francs d'octroi et le camionnage en magasin, élèvent à 36 francs environ le prix de revient du marchand. Celui-ci, revendant la tonne 44 francs aux particuliers, réaliserait un joli bénéfice, si la durée d'un second séchage, pendant six mois, avant l'embarquement, la conservation en chantiers et le voiturage à domicile ne le grevait de frais généraux assez lourds.

Le client parisien est habitué à des rondins lisses, uniformes et si élégants que c'est dommage, semble-t-il, de les mettre au feu. Le négociant, de son côté, exclut les pièces irrégulières, qui feraient des bosses dans ses pyramides géométriques et en compromettraient la solidité. Si les acheteurs de la capitale acceptaient les quartiers bizarres, noueux, ventrus et un peu contrefaits dont se contentent les êtres inférieurs qui peuplent les départements, et s'ils se mettaient en rapport direct avec les propriétaires du Centre, ils obtiendraient un rabais de 25 pour 100.

La péniche ou « chênière, » chargée de 150 tonnes de bûches, est confiée à deux mariniers qui reçoivent une somme fixe pour la conduire jusqu'à la Seine par les canaux du Nivernais ou de Briare et du Loing. Ces deux haleurs travaillent treize heures par jour, pour faire environ 20 kilomètres ; ils se relayent aux heures de repas, l'un continuant à traîner le bateau, pendant que l'autre s'occupe de la cuisine. A Moret et Montereau, la chaîne de louage ou un remorqueur servent à convoyer le chargement jusqu'à Paris.

Le prix du bois, dans les villes, se compose donc, en grande partie, de frais de transport ; on imagine ce qu'il devait en être jadis : de belles forêts pourrissaient sur pied il y a cent ans, par l'absence de moyens de communication. Non loin d'Uzerches, le comte d'Harcourt avait de vastes domaines, dont il ne tirait presque rien, faute de rivières à proximité. Si les 1000 kilos de bûches se payaient, au XVIIIe siècle, des sommes très différentes, en deux localités séparées par une distance minime, comme 12 francs à Aix et 0 fr. 75 en Dauphiné, ou 22 fr. 50 à Caen et 1 fr. 50 à Silli, dans l'Orne, c'est que les routes étaient mauvaises ou nulles.

Quand Sganarelle, dans *le Médecin malgré lui*, demande 5 livres 10 sous du cent de fagots, — c'est-à-dire 9 francs, — ses prétentions ne sont pas exagérées ; les fagots se vendaient alors (1666) de 8 à 13 francs aux environs de Paris. Ce n'était pas qu'il y eût « fagots et fagots, » comme insinue le personnage de Molière, ni que les plus chers fussent ceux « auxquels on n'épargne aucune chose ; » mais simplement ceux qui venaient de plus loin. A la veille de la Révolution, ils variaient ainsi de 25 francs à Boulogne-sur-Mer jusqu'à 2 fr. 70 dans les campagnes de Sologne.

Aujourd'hui, dans les coupes de l'Etat, on brûle souvent des fagots *uniquement pour déblayer le terrain*, pour faire de la place, parce qu'on ne saurait à qui les vendre. Les tuiliers, chaufourniers, briquetiers, les boulangers même, autrefois grands consommateurs, abandonnent de plus en plus, pour la houille, ce combustible que la dépense de manutention a rendu trop onéreux. Dans un cent de margotins, par exemple, qui se vend à Paris 8 francs, la valeur du bois est à peu près nulle ; il n'y en a pas pour 0 fr. 20. C'est le port, la façon, le bénéfice du marchand qui composent tout le prix.

Le charbon de bois coûte, à Marseille, 12 francs les 100 kilos pendant que le bois qui sert à fabriquer ce charbon, — un stère environ, — se vend en Corse 0 fr. 30 sur pied : la différence de 11 fr. 70 est absorbée par les frais de coupe, de carbonisation, de mise en sac, de conduite au bateau, de fret, d'octroi et de cinq ou six chargements et déchargements jusqu'à l'arrivée chez le charbonnier marseillais. En bien des cas, le bois de feu, *sur route*, perd toute valeur au bout de 25 kilomètres, c'est-à-dire qu'il devient inexploitable. Par kilomètre et par 1 000 kilos en effet, le prix varie, suivant la nature des véhicules, de 2 centimes sur rivière jusqu'à 1 fr. 25 à des de mulet, lorsque cet animal descend, chargé, une pente montagneuse qu'il remonte à vide. On compte en chemin de fer de 3 à 8 centimes et 20 à 60 centimes sur les routes, suivant qu'elles sont ou non empierrées.

## Section III

On s'explique ainsi que le chauffage au bois demeure, suivant les localités, économique ou très cher et que le prix de 11 francs par stère, donné plus haut *pour l'ensemble de toute la France*, recouvre de grandes diversités. Pour 10 francs en Normandie, on obtient 1 000 kilos de châtaignier, dont le pétillement est inoffensif dans l'âtre profond du campagnard ; le citadin, dans le salon duquel ce feu d'artifice serait de dangereuse conséquence, paie 20 francs en province et 45 francs à Paris le hêtre à la flamme vive ou le chêne à combustion moins gaie, mais plus lente.

L'usage du bois, dans la capitale, est devenu un luxe ; ceux-là seuls en brûlent qui ne regardent pas à la dépense, ou qui ne la paient pas de leur poche comme les administrations de l'État. La consommation parisienne était en 1852, avec une population moitié moindre, plus forte de 100 000 stères qu'elle n'est aujourd'hui ; elle est descendue à 240 stères par 1 000 habitants, au lieu de 384 qu'elle atteignait en 1876. Il y a deux cent soixante ans, elle s'élevait au quadruple, — un stère par personne, — d'après le rapport des commissaires au Châtelet en 1637. Aussi voyait-on de belles flambées chez les grands seigneurs : les cheminées du cardinal de Richelieu dévoraient 1 000 kilos de bois par 24 heures ; le fournisseur du duc de Candale lui livrait chaque jour 50 grosses bûches et 75 fagots pour ses appartements et, pour ses cuisines, 10 hectolitres de charbon de bois.

Ce dernier combustible est aujourd'hui frappé d'un discrédit irrémédiable ; dans les villes, où est son principal débouché, la bourgeoisie a substitué ces commodes en fonte, chauffées à la houille, que l'on nomme des « cuisinières, » aux anciens « fourneaux-potagers. » Seuls, les ménages ouvriers demeuraient fidèles au charbon de bois. Le pétrole, lourdement grevé d'impôts, avait peine à lui faire concurrence. L'électricité, d'une façon d'ailleurs indirecte, a amené son effondrement : la Compagnie du gaz, voyant ses recettes compromises par le succès des nouvelles lampes Edison, dans les milieux aisés, s'est tournée vers la classe populaire et a pris généreusement à sa charge l'installation des conduites chez tous ceux qui les demandaient. Non contente d'apporter sans aucun frais son calorique, elle a prêté *gratis*, pour la cuisson des aliments, environ 250 000 fourneaux. Elle s'empare ainsi de la clientèle du charbon de bois, dont l'emploi, déjà réduit de moitié depuis vingt-cinq ans, — de 3 hectolitres à 1 et demi par tête, — finira par se restreindre à la chaufferette de l'ouvrière, à la rôtissoire du gourmet et au réchaud du désespéré qui s'offre le suprême boisseau de l'asphyxie.

Les désespérés, pour le moment, ce sont ceux qui produisaient le charbon de bois et qui, intéressés à le défendre puisqu'ils en vivent, font valoir sa puissance calorique presque égale, disent-ils, à celle de la houille. Ils oublient d'ajouter que celle-ci coûte quatre fois moins que celui-là pour un même nombre de « calories. » La « calorie » est l'étalon qui sert à mesurer la valeur respective des

Section III

combustibles : c'est la quantité de chaleur nécessaire pour élever d'un degré centigrade la température d'un litre d'eau. Or, les matières que nous employons à nous chauffer, — bois, charbon, gaz, etc., — décomposées chimiquement par la science, se trouvent contenir certains éléments dont les uns ne chauffent pas du tout, tels que l'oxygène, l'azote, les cendres, et dont les autres, tels que l'eau, s'opposent à la production de la chaleur. Cent kilos de bois vert renferment une proportion d'eau « d'inhibition » d'environ moitié de leur poids, qui varie selon les essences et les saisons ; — le pin des forêts est le plus humide, le frêne est le plus sec et tous deux sont beaucoup plus mouillés au commencement d'avril qu'à la fin de janvier. — Après un an de coupe une partie de ce liquide s'est évaporé ; mais, lors même qu'on l'eût fait totalement disparaître, le « ligneux, » c'est-à-dire le bois desséché dans une étuve brûlante, ne représenterait encore que 51 pour 100 de combustible utile, — carbone et hydrogène, — uni à 2 pour 100 de cendres et à 47 pour 100 d' « eau de constitution. » De sorte que la bûche, dans l'état où elle est d'ordinaire posée sur nos chenets, médiocrement imbibée, est un mélange de deux tiers d'eau et d'un tiers de carbone, duquel nous ne profitons pas même intégralement, parce qu'il perd une partie de sa force à vaporiser l'eau dont il lui faut se débarrasser.

La transformation du bois en charbon élimine cette substance aqueuse. Au cours de la métamorphose, le poids du premier diminue : des quatre cinquièmes, si la carbonisation se fait suivant l'ancienne méthode, en « meules » de plein air ; des deux tiers seulement, si l'on applique le procédé nouveau des fours ou des fosses en maçonnerie. Dans tous les cas, la chaleur fournie par le charbon de bois étant à peine le triple de celle des bûches, — 7 000 calories au lieu de 2 500, — tandis qu'il se vend presque le quadruple de leur prix, — cette marchandise onéreuse n'avait d'autre mérite que la commodité de son emploi à petites doses ; le gaz, à ce point de vue, lui est incontestablement supérieur. Non qu'il soit meilleur marché ; au contraire : un mètre cube de gaz et un kilo de charbon de bois, chauffant à peu près autant l'un que l'autre, coûtent, l'un 0 fr. 30, l'autre 0 fr. 16.

Mais la flamme d'un bec obéit bien plus docilement que la braise d'un fourneau au consommateur économe. Elle s'enfle, s'apaise et se détaille, « au doigt et à l'œil » de la ménagère. Allumé en une seconde, éteint de même, ce précieux hydrogène convient à des besoins sommaires et hâtifs. Pour un usage prolongé, ce serait le moins recommandable des combustibles. La cuisson du plus modeste pot-au-feu, exigeant quatre heures d'un feu doux et soutenu, correspond à une dépense de 31 centimes, — 1 040 litres, — qui serait beaucoup plus faible avec la houille.

À New-York, où le gaz coûte juste moitié de ce qu'on le paie à Paris, la plupart des appartenons de 7 000 à 9 000 francs de loyer, aménagés dans les maisons neuves, ne possèdent *pas d'autre fourneau de cuisine* qu'un appareil à gaz très complet avec four, rôtissoire et grillade. Les grils offrent cette particularité d'être soumis à une flamme venant, non d'en bas, mais d'en haut ; ce qui évite toute fumée et permet de recueillir intégralement le jus, au lieu de le laisser suinter en graillonnant sur les charbons. Suivant les principes de Brillat-Savarin, le cuisinier peut, avec ce système, saisir la côtelette par un feu vif au commencement de l'opération, pour coaguler l'albumine et empêcher le sang de s'écouler ; puis ralentir la combustion, pour laisser au centre du morceau le temps de cuire sans que la surface charbonne.

La cuisine au gaz, confiée à des mains expertes, n'est donc pas aussi barbare que notre routine serait portée à le croire. Aux États-Unis, elle s'explique surtout par la difficulté de se faire servir, et par le peu de goût des domestiques américains pour les besognes fatigantes. Le gaz y est, malgré son bon marché, dans le même rapport que chez nous vis-à-vis de la houille, parce que cette dernière aussi coûte à New-York moitié moins qu'à Paris.

La chaleur spéciale et intermittente, que l'on demande au gaz dans la capitale, est obtenue en province par le pétrole avec une dépense à peu près identique. Depuis douze ans, il s'est vendu en Franco six cent mille fourneaux et réchauds à huile minérale, destinés aux ménages bourgeois et ouvriers. Ces appareils très simples, consistant en brûleurs logés au-dessus de réservoirs, ne se distinguent entre eux que par la disposition et le nombre de leurs mèches. Le kilo de pétrole donne un tiers plus de calorique que le mètre cube de gaz ; son prix, *dans les départements*, est aussi d'un tiers plus élevé que celui du gaz parisien. Il est donc appelé à y rendre les mêmes services ; sans prétendre toutefois lutter avec les combustibles solides pour le chauffage des habitations.

Section III

Le gaz et le pétrole, les plus commodes et les plus coûteux en même temps de tous les agents caloriques, reviennent en effet deux fois plus cher que le bois ; et le bois, à son tour, lorsque son prix égale à peu près celui du charbon de terre, est trois fois plus onéreux, parce qu'il chauffe trois fois moins. Employée dans une cheminée ordinaire, chauffant par simple rayonnement, la houille est même six fois plus avantageuse que le bois, parce qu'elle rayonne deux fois plus. Ce résultat théorique, bien que surprenant, est confirmé par l'expérience.

Il se peut qu'esthétiquement la fumée âcre et l'ardeur intense du charbon de terre fassent regretter la flamme claire de la bûche, s'élançant pour ressaisir son léger panache d'ombre qu'emportait le vent ; il se peut qu'ici comme en d'autres domaines le progrès dévêtisse peu à peu la vie de sa robe de poésie. Assis devant les paysages de cendres dorées que formaient les miettes de leurs tisons incandescents, nos pères trouvaient une sorte de compagnie dans ce feu qui évoquait à leurs yeux des images familières : celles d'arbres aux feuillages multiples, depuis les hêtres adolescents à tournure élancée, à taille flexible, jusqu'aux pommiers caducs, courbés en des attitudes tragiques ou humbles.

Le charbon minéral est, lui, d'un autre règne, plus éloigné de nous ; c'est un inconnu, que nous n'avons vu ni vivre ni mourir, comme le chêne. Aussi ne conçoit-on pas la sorte d'existence qu'a jamais pu avoir ce fossile, témoin de révolutions invraisemblables, squelette des temps où la terre vivait en égoïste, pour elle-même, sans personne qui la troublât. Loin, bien loin du soleil d'aujourd'hui, conseiller de paresse pour les hommes et créateur de travail pour les plantes, des rayons anciens dormaient, dans ces cadavres de végétaux étouffés, reposant au sein des couches souterraines du globe. Ces déchets inutiles d'un monde sans date et ignoré ont été précisément, en ce siècle, l'agent indispensable de tout un monde nouveau : l'âme des machines, la force que prophétisait Aristote quand il disait : « Si la navette et le ciseau pouvaient marcher seuls, l'esclavage ne serait plus nécessaire. »

Pour le chauffage seulement, comment feraient les civilisés de nos jours, s'ils n'avaient su deviner ou retrouver, dans le sous-sol de la planète actuelle, la carte de la planète préhistorique ? Ce qui leur permet de remonter chaque douze mois à la lumière une pyramide noire, *quatre cents fois plus haute et plus large* que la plus grande des pyramides d'Egypte : 500 millions de tonnes. Le colossal sépulcre de pierre, depuis soixante-dix siècles intact au bord du Nil, est un monument de mort ; le géant de charbon de l'Europe, monument de vie, donne en se consumant la force et la chaleur. Tous les ans il renaît, surgit à nouveau pour recommencer son œuvre et s'évanouir, en dessinant autour de lui, dans l'atmosphère bleue, l'auréole grisâtre de sa fumée. Les anciens en eussent fait un mythe, un dieu, le symbole de la résurrection des choses, de l'alliance entre la matière déchue et l'esprit rénovateur.

Combien de temps doit-elle durer ? D'après un travail fait à Berlin, par les soins du ministère du Commerce, les réserves des mines de houille s'élèveraient, pour le vieux continent, à 360 milliards de tonnes ; soit, d'après la consommation actuelle, de quoi marcher un millier d'années. L'exploitation active est, à vrai dire, toute récente ; bien que, depuis 700 ans déjà, la houille soit connue et porte un nom : celui qu'elle emprunta au forgeron flamand « Hullioz, » de Liège, qui le premier trouva, vers Publémont (1197), cette matière dont il eut l'idée de se servir pour faire du feu. Le midi de l'Europe continua longtemps à en ignorer l'existence et l'emploi. Un cardinal italien, en visite au moyen âge chez un évoque des Pays-Bas, témoignait son étonnement de voir, dans la cour du palais, une distribution d'aumônes qu'il ne pouvait comprendre : « On donne, dit-il, à chaque pauvre sa charge d'une pierre noire et il s'en va plus joyeux, plus satisfait, que si on lui eût donné un pain du même poids. »

Cette substance était si peu connue en France au début du XVIIe siècle, qu'un de nos compatriotes mentionnait, dans un voyage en Ecosse, l'extraction de la même « pierre noire » à titre de curiosité. A la fin du règne de Louis XIII, lors de la première concession sérieuse dont le « charbon de pierre » ait été l'objet, le bénéficiaire obtint le *monopole de la vente pendant trente ans dans tout le royaume*, que personne au reste ne lui contesta. Il se proposait de creuser, près de Brioude, des mines où *trente ouvriers* eussent travaillé et, pour en véhiculer les produits, de rendre l'Allier navigable.

Dans cette même province, cent cinquante ans plus tard, Je commissaire de la Convention faisait remarquer que les gisements

Section III

de Commentry ne donnaient qu'une houille de mauvaise qualité, parce qu'on la prenait trop à la surface. Creusait-on des puits et le charbon se trouvait-il en abondance ? aussitôt il tombait à vil prix, en raison des faibles débouchés qui existaient encore, et l'entrepreneur, ruiné par ses avances, cessait de travailler. Plusieurs mines avaient été ainsi abandonnées sous Louis XVI. La célèbre veine d'Anzin, découverte en 1734, fut bien loin d'enrichir ses premiers détenteurs ; le charbon, éloigné des centres d'extraction, demeurait cher, — 33 francs la tonne à Paris, au moment de la Révolution ; — il commençait pourtant à se répandre et la consommation avait atteint 1 million de tonnes en 1815.

Les besoins, depuis cette époque, ont augmenté sans cesse : 5 millions en 1843, 14 millions en 1860 ; ils sont maintenant de 40 millions de tonnes, dont près d'un tiers nous arrive de l'étranger. En vain les mines françaises se hâtent de s'allonger et de s'étendre, en tissant le réseau de leurs galeries, semblables à des toiles d'araignée gigantesques, la production nationale ne parvient jamais à satisfaire la demande. Nous sommes beaucoup moins favorisés que nos voisins d'Angleterre ou d'Allemagne : les houillères sont, de l'autre côté du Rhin ou de la Manche, plus nombreuses et l'extraction y est en général plus facile. L'ouvrier français tire en moyenne 200 tonnes de charbon par an ; l'ouvrier de Silésie en tire 330.

Parmi les 297 concessions exploitées sur notre territoire, 123 sont en perte ; et si l'on compare le nombre des bras employés au bénéfice global de cette industrie, on voit que le profit annuel est de 360 francs *par tête d'ouvrier* ; c'est-à-dire que, si l'on dépouillait demain les actionnaires sans indemnité et que l'on distribuât leur dividende aux mineurs, ceux-ci recevraient un supplément de salaires de 360 francs, à la condition que la gestion fût aussi prudente et la discipline aussi régulière. Quant aux mines ouvertes dans l'avenir, leurs artisans n'obtiendraient sans doute rien de plus que les prolétaires actuels, parce que l'État devrait nécessairement payer l'intérêt des emprunts qu'il aurait contractés pour ces travaux neufs, qui ne seraient pas tous rémunérateurs.

## Section IV

Personne ne sait *exactement* combien, sur ces 40 millions de tonnes de houille, consommées en France chaque année, sont appliquées au chauffage domestique et combien aux usages industriels. La métallurgie, avec 6 millions de tonnes, est le plus gros client ; son degré de prospérité influe puissamment sur celle des houillères : la hausse de l'acier provoque la hausse des charbons. Les chemins de fer absorbent 4 millions et demi et les mines 2 millions et demi de tonnes. La fabrication du gaz en transforme à peu près autant, dont elle restitue, il est vrai, une grande partie à la circulation sous forme de coke ; le charbon français, chargé à bord de nos bateaux, ne figure que pour mémoire, — 200 000 tonnes. — Restent 77 000 machines ou chaudières à vapeur, possédant ensemble une puissance de 1 200 000 chevaux, depuis les simples locomobiles agricoles utilisées durant quelques mois seulement, jusqu'aux générateurs des usines, bouilloires immenses, jour et nuit sous pression. Des calculs établis d'après leur consommation probable, d'après la force déployée et la durée de la marche, leur attribuent 5 à 6 millions de tonnes.

Il resterait donc, pour le chauffage, 19 à 20 millions de tonnes de gailleteries, gailletins, « têtes de moineaux, » de tout-venant et de « fines, » de boulets et de briquettes, de gras newcastle et d'anthracite maigre, suivant les noms que porte la houille, d'après sa provenance, sa nature, ou l'aspect de ses morceaux. Types très divers, les uns brûlent vite, les autres lentement ; les uns riches en hydrogène, les autres flambants ou chaleureux.

Les Parisiens achètent pour 90 millions de francs environ de combustibles chaque année, à une centaine de marchands en gros, dont le commerce a suivi la pente naturelle que j'ai eu maintes fois occasion de signaler en d'autres branches : le bénéfice y a considérablement diminué par rapport au chiffre d'affaires. Tel de ces négociants me racontait avoir débuté il y a vingt-cinq ans chez un patron qui, avec 300 000 francs de vente, gagnait 60 000 francs. Aujourd'hui les trois maisons les plus importantes de la capitale réalisent proportionnellement un profit *huit fois moindre* : 2 1/2 pour 100 au lieu de 20 pour 100.

L'une d'elles, montée en actions et dont les comptes par suite n'ont rien de secret, la société Ch. Bernot, vend annuellement pour 5 millions de francs, sur lesquels il lui reste net 125 000 francs seulement. Encore doit-elle mettre en réserve une partie de cette somme pour parer aux risques imprévus. Parmi ses frais généraux figurent 12 000 francs de primes d'assurances contre les accidents, inévitables dans une industrie qui fait circuler chaque jour des centaines de voitures lourdement chargées. La moyenne est d'un sinistre par jour ; légers accrocs pour la plupart, dont une compagnie adroite sait indemniser les victimes à moindres frais qu'un particulier ne le pourrait faire. L'assurance toutefois ne garantit pas plus de 10 000 francs par personne blessée ou tuée, et un accident mortel, causé par la maladresse d'un charretier, peut donner lieu à des dommages-intérêts incalculables.

Les négociants d'aujourd'hui ont réussi à supprimer à peu près les stocks de marchandises jadis amoncelées dans leurs chantiers ; à peine ont-ils quelques milliers de tonnes de charbon à la gare de La Chapelle ; mais elles se renouvellent sans cesse. La houille, extraite l'avant-veille de la mine, se trouve le surlendemain dans le fourneau parisien. Cependant le trafic des combustibles aurait encore des progrès à faire. Il est, dans la classe opulente, des domestiques qui, non contents des « sous pour livres » traditionnels, exigent un pourboire de 10 pour 100 du montant de la facture payée par leur maître. Ce dernier est-il parvenu à épargner cette commission excessive, en traitant avec un nouveau fournisseur, il peut advenir que le bois de cet intrus refuse obstinément de brûler. Si le marchand est assez fin pour deviner la cause de cette subite incombustibilité, et s'il pénètre à l'improviste dans la cave de son client, il y trouvera peut-être la provision de bûches du lendemain, qu'un fidèle serviteur prend soin de faire tremper durant vingt-quatre heures en des baquets, avant de l'introduire dans la cheminée.

Stratagèmes de peu de conséquence, parce que les privilégiés de la fortune sont seuls susceptibles d'en souffrir. Les escroqueries commises au préjudice des pauvres gens sont beaucoup plus fréquentes et l'active surveillance de la police est impuissante à les réprimer. Le peuple achète sac par sac chez le charbonnier de détail, parce qu'il lui fait crédit et que la place lui manque pour loger une grande quantité de combustible. Il paie ainsi beaucoup plus cher et il est plus volé que les bourgeois.

Croirait-on que, sur trois ou quatre vérifications faites par les commissaires-inspecteurs des poids et mesures, à Paris, il y a une livraison frauduleuse ! Les procès-verbaux dressés par les fonctionnaires chargés de ce service ont peine à atténuer cette proportion : parmi les 700 délits annuels de ventes à faux poids, il en est encore près de 200 à la charge des fils du Cantal ou de l'Aveyron qui tiennent boutique de combustible. Quelques-uns ont imaginé, pour livrer leurs charbons, des sacs en fibres de bois qui pèsent, vides, de 5 à 6 kilos. L'administration s'est résignée d'ailleurs à n'exercer de poursuites correctionnelles que si le manquant dépasse un dixième, à moins que cette soustraction ne puisse être regardée comme habituelle chez le commerçant inculpé.

Mais comment prendre celui-ci sur le fait ? L'agent doit suivre patiemment le charbonnier jusque chez sa « pratique, » monter l'escalier derrière lui et le laisser même sonner à la porte, pour que son intention de remettre la marchandise ainsi conditionnée soit évidente, qu'il ne puisse la nier. Si le gaillard se voit « filé » dans la rue, il trouve moyen de renverser son sac ou de laisser tomber, comme par mégarde, partie du contenu près d'une bouche d'égout. Les inspecteurs étant au nombre de neuf seulement pour tout Paris, avec un ressort de deux à trois arrondissements chacun, et le flair de leurs justiciables étant très grand, on ne peut compter, pour abolir ces manœuvres, que sur l'extension des coopératives populaires et sur les grandes maisons qui ont organisé la vente, par fractions minimes, au consommateur.

Ce n'est pas qu'il ne se soit trouvé des brebis galeuses, *de haute volée*, si l'on osait ainsi dire, parmi les négociants de gros. Un artifice qui a conduit son auteur devant le tribunal de la Seine consistait, pour les livraisons de 8 et 10 000 kilos, répartis sur quatre ou cinq voitures, à en dissimuler une à quelque distance, au coin de la rue voisine du domicile indiqué, pour la faire avancer au dernier moment, si le client vérifiait son compte ou, s'il négligeait ce contrôle, pouvoir la ramener toute pleine au chantier.

Un mien ami, point sot et de nature soupçonneuse, s'adressait depuis une dizaine d'années à un commerçant d'allure fort distinguée, porteur d'un gracieux nom d'oiseau, en qui il avait

Section IV

la plus entière confiance. Il constatait que chaque fourniture de 1 000 kilos de charbon remplissait très exactement 40 seaux et, comme chacun de ces seaux avait une contenance approximative de 19 litres, *correspondant*, pensait-il, *à 25 kilos*, il en concluait qu'il était servi d'une façon irréprochable et recommandait ce galant homme à tout le monde. Mais voici qu'ayant fait venir d'une autre maison des « boulets » de houille qu'on lui avait vantés, mon ami constata, non sans étonnement, — j'ai dit que c'était un personnage méthodique, — que 1 000 kilos de cet aggloméré rendaient environ 66 seaux, au lieu de 40. Il en conclut aussitôt que les boulets devaient avoir un poids spécifique beaucoup plus faible que le charbon ordinaire, puisqu'ils occupaient un volume moitié plus grand que lui.

Il ne tarda pas à être détrompé et apprit en même temps que, si la *houille compacte* pèse en effet 1 330 kilos au mètre cube, comme le dit la science, le *charbon usuel*, en morceaux de formes et de grosseurs variables, pèse 800 kilos seulement en moyenne. Dès lors un seau de 19 litres devait représenter, non pas 25 kilos, mais bien 15 seulement. Navré de cette découverte, mon naïf ami fit alors ce dont il aurait dû s'aviser plus tôt : il mit sur le plateau d'une balance le seau, d'abord plein, puis vide. Le poids du contenu était effectivement inférieur à 15 kilos, qui, multipliés par 40, égalaient 600 kilos. Ainsi, depuis dix ans et plus, il recevait *régulièrement et invariablement 600 kilos au lieu de 1 000* ; il était volé de moitié. Accabler d'invectives le marchand déloyal fut le premier acte de son client indigné. Le second consista à déposer, entre les mains du procureur de la République, une plainte contre ce filou, auquel il déclara refuser le paiement de sa facture courante ; ceci à titre de première indemnité.

Le parquet, faute de preuves suffisantes, n'osa poursuivre, craignant un acquittement, et engagea mon ami à faire faire, par un tiers, une nouvelle commande de charbon, pour pincer en flagrant délit son coquin de fournisseur. Celui-ci, sans se déconcerter, réclamait pendant ce temps devant le juge de paix le règlement de son mémoire, — l'été était venu sur ces entrefaites, — obtenait sentence *par défaut* contre le « débiteur » en voyage, la signifiait et l'exécutait prestement, en faisant saisir par huissier le piano de son salon ; d'où supplément copieux de frais judiciaires.

Puisse l'exemple de ce « battu qui a payé l'amende » profiter aux Parisiens désireux de n'être point trompés ! Ceux qui brûlent du coke et qui l'achètent directement à la Compagnie du gaz sont sûrs de recevoir leur poids ; mais le coke, dont on vante souvent le bon marché, est deux fois plus cher que la houille dans notre capitale. Il chauffe moins et coûte davantage. Les 15 millions d'hectolitres, — 600 000 tonnes, — que l'administration met en vente chaque année, sont cédés par elle depuis 2 francs jusqu'à 0 fr. 20, suivant quelle les livre à la clientèle bourgeoise, aux charbonniers de gros, à l'industrie, aux chemins de fer par exemple, ou qu'elle les évacue en province. Ses expéditions à Orléans, Tours, Angers, Genève même, etc., dépassent 3 millions d'hectolitres ; au contraire, des usines du Nord et du Pas-de-Calais envoient à Paris chaque année des quantités notables de coke.

Et tandis que les 5 millions et demi d'hectolitres consommés par le chauffage domestique produisent à la Compagnie plus de 7 millions de francs, — 1 fr. 40 chaque, — les 10 millions d'hectolitres restant lui rapportent à peine 4 millions — ou 0 fr. 40. — Frappé de cette disproportion surprenante, j'ai demandé si un nivellement du tarif ne permettrait pas de faire profiter la population parisienne de prix plus avantageux, tout en augmentant le total de la recette. Il m'a été répondu que ce régime créerait des stocks très élevés, exigeant des emplacements considérables et entraînant de grands frais de manutention ; que l'on se chauffait à Paris quelques mois seulement et d'une façon très variable suivant la rigueur de l'hiver. Objections fondées sans doute, dont mon ignorance personnelle m'interdit de discuter la valeur.

## Section V

« On prétend, disait un journal d'annonces de 1775, qu'un Allemand a inventé une machine électrique, au moyen de laquelle il croit se chauffer sans bois ni charbon... » Ce rêve, — il y a 125 ans, ce ne pouvait être qu'un rêve, — n'est pas devenu encore une réalité. Sauf les chauffe-fers électriques, installés dans les cabinets de toilette des luxueux hôtels, pour faciliter l'usage des instruments auxquels nous devons la belle ordonnance de ces « frisons » gracieux qui ombragent les fronts féminins des deux mondes, sauf d'ingénieux joujoux, l'électricité est trop coûteuse pour servir à élever la température.

Le fourneau d'une famille modeste demanderait un courant de 22 ampères et consommerait en un quart d'heure 6 hectowatts, c'est-à-dire 0 fr. 75 ; une simple poêle à frire prendrait 2 ampères et demi, soit 0 fr. 30 l'heure. La bouillotte deviendrait une vraie folie, vu la quantité d'énergie nécessaire pour porter l'eau à l'ébullition.

Depuis la foudre et l'éclair domestiqués et mis en boîtes jusqu'au crottin sec des chameaux ou des ânes, dont le peuple d'Orient continue de se servir pour cuire ses pauvres aliments, les combustibles actuels sont, à coup sûr, très divers ; mais, si le XIXe siècle ne dispose *pratiquement*, pour la production de la chaleur, que d'un seul élément nouveau : la houille et ses dérivés, il a su inventer ou du moins vulgariser des appareils qui, utilisant mieux le calorique, se trouvent le multiplier sans frais. Les trois francs par jour, auxquels Mme de Maintenon, dans la lettre bien connue où elle dressait le budget de son frère, évaluait le chapitre du chauffage, ont permis au ménage d'Aubigné d'acheter à Paris, suivant le prix de ce temps, 150 kilos de bois (1679) : « Il ne faut que deux feux et que le vôtre soit grand…, » disait-elle ; avec ces deux feux, dont un flambait sans doute à la cuisine, la maison devait être glaciale, tandis qu'un calorifère la chaufferait aujourd'hui tout entière presque pour le même prix.

Il suffit de 3 à 4 kilos de charbon par pièce et par jour, en moyenne, *dans le climat de Paris*", pour maintenir, avec un calorifère à air, desservant environ 40 pièces, la température la plus confortable. Et ceci, non pas d'après les calculs de théoriciens, mais suivant contrats passés par des fumistes, s'engageant à obtenir, durant six mois, un nombre déterminé de degrés avec une quantité de houille prévue d'avance. Moyennant une dépense de 800 francs par an, représentant 38 tonnes de poussier à 21 francs réduit en cendres par le système Michel Perret, tel propriétaire de ma connaissance chauffe les six étages d'une maison du quartier des Champs-Elysées, immeuble assez vaste puisqu'il rapporte 50 000 francs. La chaleur est constante, jour et nuit, et aucun locataire n'a besoin d'allumer de feu dans ses cheminées.

Les cheminées, il semble que ceux qui jusqu'au XVIIe siècle étaient chargés de leur confection, n'eussent songé qu'à pratiquer dans les appartements des endroits où l'on puisse brûler du bois, sans réfléchir que ce bois, en brûlant, devait échauffer ces appartements et ceux qui les habitent. Hottes imposantes des âtres féodaux, manteaux finement sculptés des foyers de la Renaissance, ne retenaient pas plus de 4 à 5 pour 100 de la chaleur émise ; tout le reste s'écoulait en pure perte par le conduit de fumée. Encore celle-ci ne s'en allait-elle pas toujours ; il y avait, suivant le vieux proverbe, *tria damna domûs : imber, mala femina, fumus,* » humidité, méchante femme, fumée, trois fléaux de la maison.

Malgré tous les perfectionnements apportés depuis que l'on connut les lois de la pesanteur de l'air, de la transmission du calorique à distance et de la propagation à travers les corps solides ; malgré les travaux des « caminologues » depuis deux cents ans, nos cheminées actuelles les mieux agencées ne donnent que 12 à 14 pour 100 et les plus médiocres que 8 pour 100 de la chaleur produite. On ne saurait mettre son doigt sans douleur à 25 centimètres au-dessus d'une bougie allumée, tandis qu'on le peut maintenir *latéralement* à 2 centimètres de la flamme sans être incommodé ; différence entre la chaleur *ascendante* et la chaleur *rayonnante*. L'habitant de l'entresol se sacrifie à chauffer les murs, où s'adossent allègrement ses voisins des étages supérieurs. Il ne garde pour lui qu'une toute petite part, et l'on peut dire sérieusement que la place la plus chaude d'une maison, dont toutes les cheminées sont allumées, se trouve sur les toits.

De là l'idée de mettre le foyer à la cave, de l'enfermer et de le forcer à laisser toute sa chaleur dans une grande boîte de briques ; réservoir où des tuyaux vont la puiser, l'emportent et la versent par des bouches multiples à tous les étages et dans toutes les pièces de l'habitation : c'est le calorifère à air chaud, à peine usité il y a un demi-siècle, et que concurrencent maintenant les appareils à eau chaude et à vapeur.

Le fumiste est relativement un nouveau venu parmi les corps de métier ; des industriels, aujourd'hui à peine au seuil de la vieillesse, qui ont fait fortune dans cette profession, ont vu, depuis leur début dans les besognes les plus humbles, grandir d'année en année le rôle assigné naguère à leurs devanciers. Qu'est devenu le ramoneur olégiaque, ce « petit Savoyard » barbouillé de suie et de larmes, sur lequel s'attendrissait, en lisant les poésies d'Alexandre Guiraud, la société de la Restauration ?

Aux cheminées « à la Rumford, » puis à « rétrécissement, » ont succédé les appareils Fondet ou à coffre circulaire ; les poêles en « biscuit » ou mieux en terre cuite, ont fait place aux modèles en faïence émaillée, puis polychrome et enfin décorative. Et tandis que le fourneau de fonte, pour chauffage et cuisine à la fois, pénétrait dans les maisons ouvrières, le calorifère des immeubles bourgeois, au lieu de 8 ou 10 bouches au maximum, arrivait peu à peu à en alimenter 75.

Un des maîtres en cette industrie, le président de la chambre syndicale de fumisterie et ventilation, M. Deschaux, fils de cultivateur, ayant peu de goût pour la terre, est venu à Paris tout seul, à l'âge de douze ans, s'embaucher comme apprenti pour 40 sous par jour. Ouvrier à dix-sept ans, il « emportait les gonds de la maison ; » ce qui, en argot de fumiste, veut dire qu'il était prodigue de son travail ; il recherchait, à l'atelier, les tâches difficiles, carrelages ou revêtements ; le soir, il suivait les cours d'une école de dessin. Compagnon à vingt ans, « maître » à vingt-cinq, il possédait alors 2 000 francs d'épargnes et gagnait 6 francs par jour. Mais, sur son salaire quotidien, il trouvait moyen de prélever 2 francs, pour payer un professeur d'écriture et de comptabilité ; il lui fallait se mettre en état de passer au rang d'associé, que son patron lui avait fait entrevoir. Les bénéfices étaient, il y a trente ans, de 16 à 20 pour 100 ; ils ne sont plus que de 8 à 10 pour 100 du total des affaires ; mais celles-ci ont beaucoup plus que décuplé. Si la fortune de l'homme laborieux que je cite est aujourd'hui fort enviable, elle est loin pourtant d'être unique ; d'autres chefs de maisons prospères ont commencé, ainsi que lui, par porter l'auge sur leur tête.

Les inventions récentes n'ont pas toutes réussi ; toutes celles qui ont réussi n'ont pas constitué de véritables progrès. Parmi celles qui ont échoué, il y en eut d'originales, dont l'une, habillant les maisons d'un paletot pour l'hiver, consistait à faire circuler des gaz chauds dans un espace vide ménagé à l'intérieur des murs. La moitié de ce calorique était assez mal utilisée, l'autre moitié était perdue.

Au nombre des appareils qui ont obtenu une vogue assez

néfaste, — en France du moins, car leur succès n'a guère dépassé nos frontières, — figurent les poêles ou cheminées mobiles à combustion lente. Nous savons tous à quels dangers ils exposent leurs possesseurs ; nous les bravons par économie.

Ils ne mouraient pas tous, mais tous étaient frappés ;

Cette économie ne va pas souvent jusqu'à la mort ; il n'est à chaque saison qu'un nombre restreint d'accidents relatés par les gazettes. Toutefois la santé des gens qui vivent dans une atmosphère mauvaise finit par s'en ressentir. Considérez la cheminée ou poêle mobile en marche : la portion de coke ou d'anthracite portée au rouge vif dans le bas, à la température de 800 ou 1 000 degrés centigrades, est surmontée d'une masse dont la couleur, de plus en plus sombre, va décroissant jusqu'au noir. L'air entre par le cendrier et, se combinant avec le charbon auquel il cède son oxygène, forme de l'acide carbonique. Celui-ci s'élève à travers les couches supérieures du combustible, dont la chaleur est suffisante pour le décomposer au passage en un volume double d'oxyde de carbone.

Quelque hermétique que soit le mode de fermeture de la trémie, il n'est pas possible actuellement d'empêcher ce gaz délétère de se répandre dans la pièce, sous l'influence de certaines variations du temps. L'oxyde de carbone, introduit par la respiration dans les artères, tue les globules du sang. Nous avons dans les veines des milliards de globules ; il en faut 500 000 vivants par millimètre cube de sang, sous peine d'asphyxie. Or les globules, à leur arrivée dans les poumons, semblables à des ivrognes qui absorbent un peu d'alcool plus volontiers que beaucoup d'eau, préfèrent, par un instinct vicieux, à l'oxygène vivifiant, le mortel oxyde de carbone. Si peu qu'il y en ait dans l'appartement, ils s'en emparent, repartent empoisonnés dans le système circulatoire et meurent. Les globules tués s'évacuent dans le foie et surtout dans la rate ; mais, si leur nombre est trop grand, si le sang ne contient plus assez d'oxygène pour en fournir à l'ensemble de l'organisme, c'est l'individu lui-même qui succombe.

Dans les cheminées l'oxyde de carbone est chassé par le tirage, dans les poêles ordinaires il est brûlé ; ce gaz est un précieux calorique que les usines métallurgiques captent à la sortie des hauts fourneaux pour alimenter leurs souffleries. Les poêles à

Section V

combustion lente le font, eux, aspirer par leurs clients, auxquels on ne saurait trop déconseiller cette ingestion malsaine. Le bon marché même de cette forme de chauffage n'est point pour rivaliser avec celle à qui, seule, l'avenir appartient. Depuis le premier calorifère à air chaud, construit en 1792 à l'hôpital de Derby, en Angleterre, jusqu'aux types à vapeur dont les Etats-Unis nous offrent les applications les plus perfectionnées, on est parvenu à recueillir, sans danger pour l'hygiène, 90 pour 100 de la chaleur. Il est donc aisé de prévoir que ces systèmes divers remplaceront peu à peu les anciens, comme les chemins de feront fait abandonner le voyage en diligence, ou même en poste. Pour ne rien perdre de l'effet utile du feu, on promène la fumée, avant de la laisser s'échapper au dehors, le long de tuyaux sinueusement repliés, sur un parcours de 150 mètres parfois, à l'intérieur de la chambre de chauffe. L'air qui sort de celle-ci, avec un excès de sécheresse, se sature d'humidité en passant sur un bassin d'eau tiède, souvent parfumée.

Les foyers ordinaires ne pouvaient brûler sur leurs grilles que des morceaux de charbon d'une certaine grosseur ; l'ingénieux foyer à étages multiples de Michel Perret permit de réaliser une double économie : la première, en employant des combustibles pulvérulents et pauvres, fort bon marché parce que les mines en étaient encombrées ; la seconde, en épuisant ces poussiers plus complètement qu'on ne l'avait su faire jusqu'alors. En effet, beaucoup de cendres et de mâchefers contiennent encore un quart de matières non brûlées.

Ce n'est pas à la houille que cette invention était destinée tout d'abord, mais à la pyrite, espèce de pierre où le soufre à l'état brut se combine avec d'autres métaux. De sa combustion naît l'acide sulfurique, le « vitriol, » un des agents, une des puissances du monde moderne, dont le public n'a point souci et dont il n'entend parler que lorsqu'une maîtresse abandonnée en jette à la figure de son amant, mais qui est si indispensable à tant d'industries, entre dans la fabrication de tant de choses, depuis les engrais chimiques et le papier jusqu'aux glaces, — Saint-Gobain brûle annuellement 200 000 mètres cubes de pyrite, — que l'on pourrait presque mesurer l'activité matérielle d'un peuple à la quantité d'acide sulfurique qu'il emploie. Cette substance, qui coûte maintenant 4 francs les 100 kilos, valait 20 à 25 francs avant 1830 et l'adoption du procédé

Michel Perret a largement contribué à cette baisse de prix.

Appliquée à la construction de 10 000 calorifères aujourd'hui en service, cette méthode permet d'y consommer des poussières d'anthracite ou de coke, des houilles impures et pauvres, — que les mines précédemment refusaient d'exploiter parce qu'elles ne trouvaient pas à s'en défaire, — même le fraisil des forges ou la suie des locomotives. Vide, l'appareil ressemble à une armoire, à épaisses tablettes de pierre, à porte de fer ; en marche, les trois tablettes, faites de dalles réfractaires, sont chargées d'une couche de 10 centimètres de poudre en ignition. Une fois par jour on ouvre la porte, on retire de la partie inférieure une cendre fine comme celle d'un cigare, et l'on fait descendre d'un étage la poussière de fou qui couvre chacune des trois dalles, en la poussant avec un râteau par des trous aménagés à cet effet. La tablette supérieure, demeurée vide, est alors garnie de combustible neuf ; l'opération dure dix minutes et se renouvelle seulement toutes les vingt-quatre heures.

Le foyer, allumé à l'automne, ne s'éteint qu'au printemps ; avec 100 kilos de poussier, correspondant à une dépense de 2 francs dans Paris, il chauffe 2 800 mètres cubes, c'est-à-dire une soixantaine de pièces ayant en moyenne 5 mètres de long et 4 mètres de large sur 3 de haut. Le charbon passe quatre jours entiers dans cette sorte de four, que lui-même chauffe, et par la chaleur duquel il est consumé. Ce lessivage progressif du combustible par l'air, admis à dose faible et renouvelée, système analogue à la diffusion des pulpes de betteraves par la vapeur d'eau, extrait lentement la totalité des principes brûlables jusqu'à complète incinération.

Le calorifère Michel Perret fournit une température régulière, mais qu'il n'est pas possible de dépasser. Il est aussi, comme tous les appareils à air, inapplicable aux très grands édifices ; le déplacement laborieux de l'air chaud ne lui permettant pas de desservir des locaux situés à plus de 30 mètres de distance horizontale. Si, comme il est probable, le chauffage collectif est destiné à se substituer un jour aux procédés actuels, c'est par le calorifère à vapeur que s'opérera cette transformation dans nos mœurs.

Déjà certains quartiers de New-York possèdent des stations centrales génératrices, d'où la vapeur sous pression est envoyée par un réseau de conduites à plusieurs centaines de maisons. Il

Section V

n'est pas plus extraordinaire, si l'on y réfléchit, de distribuer ainsi la chaleur, qu'il ne l'est de recevoir à domicile sa lumière ou son eau d'une usine ou d'un réservoir de la banlieue. Le progrès, qui passe parfois pour engendrer l'individualisme, tend au contraire à associer les hommes pour la satisfaction d'un plus grand nombre de besoins et de désirs.

ISBN : 978-1979677653

www.ingramcontent.com/pod-product-compliance
Lightning Source LLC
Chambersburg PA
CBHW050252230526
**45470CB00005B/2233**